Ueber die Hautdrüsen der Frösche und über die Bedeutung der Fettstoffe.

Zwei physiologische Abhandlungen

von

Dr. F. M. Ascherson,
praktischem Arzte und Privatdocenten an der Friedrich-Wilhelms-Universität in Berlin.

(Aus Müllers Archiv Jahrgang 1840 besonders abgedruckt.)

Mit einer Kupfertafel.

Berlin:
Verlag von Veit und Comp.

I.

Ueber die Hautdrüsen der Frösche.

Die Haut der Frösche ist mit einfachen Drüsen, Follikeln, besetzt, die an manchen Stellen so dicht stehen, dass sie sich fast berühren. Häufig ist kaum so viel Zwischenraum, als ihr Durchmesser beträgt, und nur an wenigen Stellen stehn sie so entfernt, dass zwei oder mehr dazwischen Raum hätten. Man erkennt sie schon bei einer 8—10fachen Vergrösserung an vielen Stellen wegen ihres eigenthümlichen Verhaltens zu dem Hautpigment. Die Färbung der Haut ist nämlich bei den Fröschen durch verästelte Pigmentzellen bedingt, die man an jungen (diesjährigen) Thieren in allen Entwickelungsstufen findet, von der Kugelform bis zum höchsten Grade der Verästelung. Sowohl die braune Färbung des Rückens bei jungen Exemplaren von R. temporaria und esculenta, als selbst die blendend weisse, zuweilen bei schwacher Vergrösserung metallisch glänzende Farbe der Bauchseite, wird durch Pigmentzellen hervorgebracht, zwischen denen sich die bekannteren schwarzen vereinzelt finden.

Die Verschiedenheit zwischen den weissen und braunen Pigmentzellen ist, wenigstens bei jungen Thieren, viel geringer als man auf den ersten Anblick glauben sollte. Beide Arten zeigen bei durchgehendem Lichte dieselbe körnige Beschaffenheit und dieselbe bräunliche Farbe, nur scheinen die weissen mehr und dünner verästelt. Beide Arten von Zellen werden von den Hautdrüsen verdrängt, oder vielmehr sie vermeiden bei ihren Verästelungen die Stellen, wo diese liegen, und daher machen sich die Drüsen bei abgezogener Haut als durchscheinende Flecken leicht bemerklich. Bei auffallendem Lichte dagegen sehen sie auf den weissen gefärbten Flächen dunkler aus. Betrachtet man die Bauchseite eines Frosches mit der Lupe, so sieht man sie dicht mit kleinen Erhöhungen besetzt, von denen jede in ihrer Mitte einen schwärzlichen Punkt zeigt. Diese Punkte sind pigmentfreie und daher durchscheinende Stellen, durch welche man wie durch die Pupille des Auges in einen dunklen Raum hineinsieht. Zieht man die Haut ab und bringt sie unter das Mikroskop, so erscheinen dieselben Stellen bei durchgehendem Lichte als helle kreisrunde oder ovale Flecken auf einem dunklen braungefärbten Grunde. Klebt man die Bauch- und Rückenhaut neben einander auf eine Glasplatte, so zeigt sich der Unterschied zwischen beiden, wie schon erwähnt, bei durchgehendem Lichte sehr unbedeutend, und fast allein durch das schwarze Pigment bedingt, dessen Zellen auf dem Rücken häufig vorkommen und ziemlich nahe stehen, während sie auf der Bauchseite an vielen Stellen ganz fehlen und an andern sehr vereinzelt sind. Nur da, wo die obern Extremitäten an den Rumpf gefügt sind, findet man eine Gruppe dichtstehender schwarzer Pigmentzellen in Gestalt eines Andreaskreuzes. Der einzige merkliche Unterschied in den Drüsen selbst ist der, dass die hellen Flecken auf dem Rücken sich kleiner und von mehr kreisförmiger Gestalt zeigen, dies scheint mir jedoch hauptsächlich daher zu rühren, dass ihr Rand mehr von den Pigmentzellen bedeckt ist, als bei den Drüsen der Bauchseite. Bei den jüngern Pigmentzellen kann man wahrnehmen, wie die Verästelungen derselben dem Umkreis der Hautdrüsen folgen (Fig. 1.).

An manchen durchsichtigen Stellen der Haut, wo die Umrisse der Drüsen deutlich wahrgenommen werden können, findet man kleine kreisrunde und grössere ovale Drüsen neben einander, so dass man glauben möchte, die erstern seien noch in der Entwicklung begriffen. Die grössten, die bis zu 0,006 P. Z. lang und 0,0045″ breit sind, während die Mittelgrösse etwa die Hälfte beträgt, finden sich in Gruppen von 6—8 und mehr Stück vereinigt an der bei jungen Individuen pigmentfreien Bauchseite der Schenkel, in der Nähe des Afters, wo diese durch tiefe Furchen getrennten Gruppen den unbewaffneten Augen als Warzen erscheinen, und wo sich auch eine sehr entwickelte Gefässverzweigung vorfindet, die dieser Stelle eine röthliche Färbung giebt.

Wenn ein ziemlich gelungener Durchschnitt mich nicht täuscht, so liegen die Drüsen an dieser Stelle alternirend übereinander, so: $_{o}{}^{o}{}_{o}{}^{o}{}_{o}$. So weit ich es bis jetzt ermitteln konnte sind die Hautwarzen, die den ganzen Körper der Krötenarten bedecken, nichts als solche Drüsenhaufen. Die Durchschnitte der Haut, die mir an andern Stellen als der oben beschriebenen ziemlich häufig gelangen, wurden so erhalten, dass ich die frisch abgezogene Haut auf ein Stäbchen von weichem Holze aufrollte, und nach dem Trocknen feine Scheibchen von dem Holze abschnitt. Das Verhältniss der Drüsen zu der übrigen Haut fand ich constant wie folgt. Zu oberst liegt eine ziemlich dicke, mit regelmässig angeordneten Zellenkernen versehene Schicht, die Epidermis (Fig. 7 *a*, *a*.). Ihre Dicke beträgt 0,0015—0,0024 P. Z. Die ovalen Kerne ihrer Zellen liegen wie bekannt horizontal, mit Ausnahme der untersten Schichten, deren Richtung ich immer schräg aufsteigend fand. Unter der Epidermis befindet sich eine undurchsichtige Schicht von so unregelmässiger Dicke, dass sie nicht wohl messbar ist, sie schien mir jedoch nirgends die halbe Dicke der Epidermis zu erreichen (Fig 7 *b*, *b*.). Diese Schicht ist offenbar die der Pigmentzellen. Unmittelbar darunter sieht man die ovalen Durchschnitte der Hautdrüsen, die eine mittlere Höhe von 0,0020—0,0025 P. Z. haben (Fig. 7 *c*, *c*.). Unter den Drüsen fand ich eine 0,004—0,005″ dicke Schicht einer durchsichtigen Substanz, welche in ziemlich regelmässigen Zwischenräumen von horizontal liegenden länglichen, den Knorpelkörperchen ähnlichen, doch weniger scharf umschriebenen Körperchen durchsetzt ist. Stellenweise befinden sich senkrecht laufende Faserbündel zwischen der beschriebenen Substanz, die sich nach oben und unten ausbreiten, und dadurch grosse vierseitige Felder mit abgerundeten Ecken bilden (Fig 7 *d.*), welche man für hohle Räume halten könnte, wenn nicht die Färbung mit Jod das Gegentheil zeigte. Nie gelang es mir in den Durchschnitten eine Spur eines Ausführungsganges der Drüsen zu finden; dagegen sieht man sehr häufig eine Oeffnung, sowohl beim lebenden Thiere als bei abgezogener Haut, wenn man die Drüsen von oben betrachtet. Sie liegt im Niveau der obersten Epidermiszellen oder dicht darunter, ist gewöhnlich geschlossen und in diesem Zustande von eckiger, meistens dreieckiger Gestalt und ganz dunkel (Fig. 2, 4, 5 *c.*). Sie ist fast immer von einem Kreise von 0,0009—0,0010″ Durchmesser, der wie der Durchschnitt einer Zelle aussieht, umgeben (Fig. 4, 5 *d.*). Geöffnet erscheint sie heller als die Umgebung, aber gleichfalls eckig, und von den Ecken ziehen sich Linien, die wie Falten aussehen gegen den Rand der Drüse, ohne ihn zu erreichen (Fig. 3 *b*, *c.*). Auf der abgezogenen Epidermis zeigen sich die Oeffnungen der Drüsen immer rund oder oval und von einem Doppelrande umgeben (Fig. 8, 9 *c.*). Man kann sich von ihrer Existenz am leichtesten überzeugen, wenn man die abgezogene Epidermis mit Jod färbt, wo sich bei hinreichender Vergrösserung die Oeffnungen der Drüsen als ungefärbte Stellen sehr bemerklich machen. Ihr Verhältniss zu den Zellen der Epidermis ist verschieden. Zuweilen sieht man sie innerhalb des Umrisses einer einzigen Zelle neben dem Zellenkern (Fig. 8.). Meistens jedoch kommen sie da vor, wo zwei oder mehrere Zellen zusammenkommen (Fig. 9.), was sich auch besser begreifen lässt.

Bei weitem der interessanteste Umstand, diese Drüsen

betreffend, scheint mir jedoch der zu sein, dass sie auch in der Schwimmhaut in nicht geringer Anzahl vorkommen, und dass man daher nicht nur ihre Structur, sondern ihre vitalen Veränderungen eben so leicht beobachten kann, als dies z. B. bei den Blutgefässen der Fall ist. Ich glaube dass die Gelegenheit, die hierdurch den Physiologen, meines Wissens zum ersten Male, geboten wird, die Drüsen beim lebenden Thiere mikroskopisch zu beobachten, nicht ohne einigen Einfluss auf die Lehre von der Secretion bleiben wird, und beeile mich deshalb meine noch unvollständigen Beobachtungen zu anderweitiger Bearbeitung mitzutheilen, da mich mehrere Ursachen verhindern, den Gegenstand jetzt weiter zu verfolgen.

Am deutlichsten sieht man die Hautdrüsen der Schwimmhaut bei jungen (diesjährigen) Fröschen, bei älteren verhindern die schwarzen Pigmentzellen sie aufzufinden, wenn man sie nicht schon früher gesehen hat, während man sie im entgegengesetzten Falle auch hier leicht bemerkt. Einigemal gelang es mir, sie bei ausgewachsenen Thieren eben so deutlich zu sehen. Schneidet man nämlich einem Frosche, der in Wasser gehalten wird, ein dreieckiges Stück der Schwimmhaut aus so erzeugt es sich binnen wenigen Tagen wieder, aber ohne Pigment, und folglich zu der in Rede stehenden Beobachtung viel geeigneter. Es dürfte vielleicht nicht überflüssig sein, die etwas abweichende Art zu beschreiben, wie ich die Froschpfoten unter dem Mikroskop zu befestigen pflege. Das Thier wird, mit Ausnahme des untern Theils der zu beobachtenden Extremität, in Leinwand gewickelt, und wie eine Mumie mit einem Faden umschnürt; einige Umwicklungen mit demselben Faden dienen dazu, das ganze Thier auf einer Glasplatte zu befestigen. Dann werden kleine aus Insektennadeln angefertigte Häkchen, etwa von der Grösse wie sie zur Bildung der künstlichen Pupille gebraucht werden, von oben um zwei oder mehrere Zehen gelegt, so lange angezogen, bis die Schwimmhaut den gehörigen Grad der Spannung hat, und in dieser Lage mit etwas Wachs auf der Glasplatte befestigt. Mit vie-

dergleichen Häkchen lässt sich die Pfote ohne sonderliche Irritation dergestalt fixiren, dass es vorkommen kann, wenn man den Körper des Thiers nicht hinreichend befestigt hat, dass dieser von der Glastafel bei heftigen Bewegungen herabfällt, ohne dass man die Stelle der Pfote, die man eben beobachtet, aus dem Felde des Mikroskops verliert.

Die Hautdrüsen erscheinen in der Schwimmhaut als kreisrunde oder ovale von einem Doppelrande umgebene Stellen, die immer etwas heller gefärbt sind als die nächste Umgebung. Die Entfernung der beiden concentrischen Umfangslinien, wodurch die Dicke der Drüsenwandung bezeichnet wird, ist veränderlich, sie mag im Durchschnitt etwa 0,00030—0,00035 P. Z. betragen. Ueber der Drüse findet sich in der Regel die oben beschriebene Oeffnung derselben, bald mehr der Mitte entsprechend, bald mehr dem Umfange sich nähernd. Nur selten sah ich statt einer einfachen Oeffnung zwei kleine schief über einander liegende Kreise, die einen kurzen cylindrischen Gang anzudeuten schienen. Es ist mir immer so vorgekommen, als wenn in der Schwimmhaut die meisten Drüsenöffnungen nach der untern oder Plantarfläche gerichtet, und die Drüsen selbst von dieser Seite her leichter zu beobachten wären. Als Inhalt der Drüsen zeigt sich eine bald mehr bald minder deutlich zu erkennende körnige Substanz, in welcher jedoch gewöhnlich einige den sogenannten Lymphkörperchen (nach Weber in rückschreitender Metamorphose begriffenen Blutkörperchen) völlig ähnliche granulirte Körperchen, mit Bestimmtheit wahrzunehmen sind (Fig. 4, 5 *b*.). Aus ähnlichen Bestandtheilen ist auch der Schleim zusammengesetzt, der die Haut der Frösche überzieht. Die granulirten Körperchen, welche ohne Zweifel Epitheliumzellen oder deren Kerne sind, zeigen sich entweder frei im Innern der Drüse oder an den Wänden derselben haftend. Nach Anwendung chemischer Reagentien treten sie schärfer hervor, so dass die Drüsenwandungen dann oft ganz oder grösstentheils aus ihnen zu bestehen scheinen. Wird die frische Haut mit Essig befeuchtet, oder die getrocknete darin aufgeweicht, so sieht man in den meisten Drüsen sechs bis zehn solche Körperchen, die grösser sind als sie ohne diese Procedur erscheinen, und regelmässig, gewöhnlich paarweise, neben einander liegend, den innern Raum der Drüse grösstentheils ausfüllen (Fig. 11.). Sie sind meistens oval, 0,0007 bis 0,0009″ lang und 0,00045—0,00060″ breit. Durch Maceration in scharfem Essig oder besser in mässig verdünnter Essigsäure kann man die Drüse vollständig isoliren. Man bemerkt dann in ihr viel mehr aber kleinere granulirte Körperchen, und gewöhnlich zeigt sich ihre Oberfläche dergestalt damit bedeckt, dass die Drüsenwand ganz oder grösstentheils aus ihnen zu bestehen scheint (Fig. 10.). Auch bei der in Wasser aufgeweichten getrocknet gewesenen Haut zeigt sich häufig die partielle Zusammensetzung der Drüsenwand aus den beschriebenen Körperchen, doch sieht man hier immer noch eine äussere Membran, wiewohl viel dünner als die ganze Drüsenwand beim lebenden Thiere erscheint (Fig. 7 *c*.). Ein anderes Verfahren, um die Hautdrüsen isolirt darzustellen, besteht darin, dass man einen Frosch oder eine Kröte erst in Essig und dann in Wasser legt. Die Epidermis löst sich dann in grossen Stücken ab und nimmt immer einzelne Drüsen mit, die sich leicht abstreifen und untersuchen lassen.

Die Drüsen sind beim lebenden Thiere mit einem hohen Grade von Contractilität begabt, die sich durch sehr merkliche Veränderungen ihrer Form und Grösse zu erkennen giebt. In dem Zustande, der der gewöhnliche zu sein scheint, ist die Gestalt der Drüsen regelmässig, entweder rund oder oval, man findet aber häufig einzelne die kleiner sind und dabei eine eckige verzogene Form haben (Fig. 2, 4, 5, 6.). Beobachtet man die Drüsen eine Zeit lang, so gelingt es nicht selten wahrzunehmen, dass dieselbe Drüse ihre Gestalt unter den Augen des Beobachters verändert, entweder aus der regelmässigen in die contrahirte oder umgekehrt, und sich dabei verkleinert oder vergrössert. Eben so verändern sich die Oeffnungen, indem sie sich öffnen oder schliessen. Dass beide Veränderungen mi einander verbunden sind, habe ich mit Bestimmtheit nicht wahrnehmen können; ich habe sowohl expandirte als contrahirte Drüsen mit offenen und geschlossenen Mündungen gesehen. Auch der Inhalt scheint sichtbaren Veränderungen unterworfen zu sein, man sieht einzelne Kügelchen oder formlose Klümpchen erscheinen und verschwinden, doch ist hierbei eine Täuschung eher möglich als bei den Zusammenziehungen der Wandungen. Bei ganz jungen Fröschen, die leicht unter dem Mikroskop absterben, sieht man die Zahl der contrahirten Drüsen während des Todeskampfes zunehmen, bis zuletzt keine expandirte mehr zu sehen ist. Da diese Contractionen doch wahrscheinlich eine Entleerung des Secrets bewirken, so wird man hierdurch unwillkürlich an die mit Schweiss bedeckte Haut der meisten Sterbenden erinnert. Man kann die Contractionen der Hautdrüsen ganz willkürlich hervorrufen, wenn man die Stelle mit einer Salmiaklösung befeuchtet. Sehr bald nachher verlieren die Drüsen ihre regelmässige Gestalt, die Wandungen verdünnen sich merklich und die Oeffnungen erweitern sich in der Regel. Gewöhnlich verdickt sich die Wandung bald wieder und man bemerkt mehr oder weniger deutlich, dass sie wie ein Rosenkranz sich an einzelnen Stellen auftreibt, und an andern einschnürt (Fig. 12.). Zuweilen ist es mir indessen vorgekommen, als wenn ein solches rosenkranzförmiges Gebilde nur an die Stelle des dem Auge ganz entschwundenen Umkreises der Drüse getreten wäre. Bei den spontanen Contractionen der Drüsen fehlt die Verdünnung der Drüsenwand, sie scheint sich vielmehr durch partielle Auftreibungen zu verdicken (Fig. 2 *b*. Fig. 4, 5.). Eine Beziehung der Blutgefässe zu den Drüsen habe ich bis jetzt nicht ermitteln können.

Wie unvollständig diese Untersuchung ist, und wie manche interessante Frage sie unbeantwortet lässt, fühle ich sehr wohl. Da indessen das Augenübel, welches mich genöthigt hat meine mikroskopischen Beschäftigungen zu unterbrechen, mir noch lange die Fortsetzung derselben verbieten dürfte, so wollte ich die Bekanntmachung des Vorstehenden nicht länger verschieben, und es würde mich freuen, wenn ich dadurch bald eine Bestätigung und Erweiterung dieser wenigen Bemerkungen veranlassen könnte.

Erklärung der Abbildungen.

Fig. 1. Eine Hautdrüse, die theilweise von einer Pigmentzelle umgeben wird. *a*, die Drüse, *b*, die Zelle.

Fig. 2. Eine schwach zusammengezogene Drüse. *a*, die Wand der Drüse, *b*, verdickte Stellen derselben, *c*, die Mündung der Drüse, *d*, der Kreis der die Mündung umgiebt.

Fig. 3. Eine Drüse im expandirten Zustande. *a*, die Drüsenmembran, *b*, die geöffnete Mündung, *c*, die Falten die von ihr ausgehen.

Fig. 4. und 5. Contrahirte Drüsen. *a*, die Drüsenmembran, *b*, die granulirten Körperchen, *c*, die Mündung, *d*, der Hof um dieselbe.

Fig. 6. Eine durch Anwendung von Salmiak veränderte Drüse im Beginnen der Contraction; die Mündung halb geöffnet. *a*, *c*, *d*, wie bei Fig. 4. und 5.

Fig. 7. Durchschnitt der Haut eines Frosches. *a*, *a*, Epidermis, *b*, *b*, Hautpigment, *c*, *c*, Drüsen, *d*, *d*, eigenthümliches Hautgewebe.

Fig. 8. und 9. Stücken der abgezogenen Epidermis mit den Oeffnungen der Drüsen, *a*, *a*, *a*, Epidermiszellen, *b*, *b*, *b*, Kerne derselben, *c*, die Oeffnung der Drüse, die in Fig. 8. sich innerhalb einer Zelle, in Fig. 9. zwischen den Epidermiszellen zeigt.

Fig. 10. Durch Maceration in Essig isolirte Drüse. *a*, die Drüse, *b*, die Oeffnung, *c*, der Hof um dieselbe, der hier doppelt erscheint.

Fig. 11. Mit Essig befeuchtete Drüse, in welcher paarweise gereihte granulirte Körperchen zu sehen sind.

Fig. 12. Rosenkranzförmig eingeschnürte Drüsenmembran.

Sämmtliche Abbildungen sind nach einer 250fachen Vergrösserung gezeichnet.

II.

Ueber die physiologische Bedeutung der Fettstoffe und über eine neue auf deren Mitwirkung begründete und durch mehrere neue Thatsachen unterstützte Theorie der Zellenbildung *).

Indem ich vorliegende Abhandlung der Akademie überreiche, fühle ich wohl, welche Vorurtheile die Ankündigung einer neuen Theorie durch einen Unbekannten hervorzurufen geeignet ist. Ich hoffe indessen dass die Wahl meines Gegenstandes sie neutralisiren und mir eine unbefangene Prüfung verschaffen wird. Schon seit langer Zeit sind unsere allgemeinen physiologischen Kenntnisse in Beziehung auf das Fett nur wenig vorgeschritten, obgleich in chemischer und anatomischer Hinsicht schöne Entdeckungen gemacht worden sind, und durch einen jener bekannten Scherze des Zufalls scheint ein Körper, der im lebenden Organismus der treue Gefährte der Unthätigkeit zu sein pflegt, sich fast allein der grossen Thätigkeit entzogen zu haben, die die neuere Physiologie zu so einem hohen Grade von Vollkommenheit geführt hat. Meiner Meinung nach ist es immer ein kleines Verdienst, eine solche Stockung zu heben,

*) Wörtliche Uebersetzung einer am 12. November 1838 der Pariser Akademie der Wissenschaften überreichten Abhandlung.

und sollte ich vielleicht auch in dem Folgenden wesentliche Irrthümer mittheilen, so hoffe ich dass selbst ihre Widerlegung zu nützlichen Forschungen führen wird.

Die Fettstoffe haben durch ihre constante Gegenwart in den Eiern der Thiere und Pflanzen schon lange meine Aufmerksamkeit auf sich gezogen. Ich konnte mich des Gedankens nicht erwehren, dass unsere physiologischen Handbücher, die ihnen höchstens den Nutzen beilegen, durch ihre Rückkehr in den Kreislauf als ein Nährstoff zu dienen, keinen befriedigenden Aufschluss über den Zweck geben, zu welchem wohl die Keime vielleicht aller Organismen mit einer Substanz ausgestattet sind, die, stickstofffrei und nicht gerinnbar, nicht in ihre Structur eingehen zu können scheint, ohne wichtige Veränderungen zu erleiden. Warum, sagte ich mir, hat die Natur, die mit so vieler Sorgfalt jedem werdenden Geschöpfe seine erste Nahrung bereitet und die immer auf die einfachste Weise zu Werke gehet, wenn die Fettstoffe nur dazu bestimmt sind in Eiweiss- oder Faserstoff u. dgl. umgewandelt zu werden, es nicht vorgezogen diese Stoffe fertig gebildet von dem mütterlichen Organismus hergeben zu lassen?

Diese und ähnliche Gedanken veranlassten mich zunächst die Art und Weise zu untersuchen, wie sich das Fett in dem Organismus verhält. Durch die mikroskopische Untersuchung von kleinen durchsichtigen Thieren, von grösseren thierischen Fettmassen und von Pflanzensaamen fand ich, dass das Fett sich überall im Zustande einer Emulsion vorfindet, d. h. in kleinen Tröpfchen von $\frac{1}{40}$ — $\frac{1}{200}$ Millim. und noch kleiner, die in einer durchsichtigen wässrigen Flüssigkeit suspendirt sind. Die kleinsten dieser Tröpfchen erreichen die Dimensionen der Brown'schen Moleculen. Sie haben auch Molecularbewegung und lassen so wenig Licht durch, dass die aus ihnen gebildeten Massen, wie z. B. der Fettkörper der Insecten, fast undurchsichtig erscheinen.

In den kleinen mikroskopischen Crustaceen gewährt das Fett durch die Kugelform seiner Tröpfchen und durch seine oft sehr lebhafte Färbung, einen sehr zierlichen Anblick. So ist es in den Daphnien, Cyclopen u. s. w. oft scharlachroth, und Swammerdam, der diese Fettropfen für die Eier gehalten hat, schreibt ihnen nicht mit Unrecht die rothe Farbe dieser Thiere zu, welche bekanntlich öfter zu der Sage von einem Blutregen Veranlassung gegeben hat. Bei den blassen Individuen, wie sie z. B. Strauss beobachtet zu haben scheint (Mém. du Musée T. V. et. VI.), ist das Fett fast farblos. In einzelnen Exemplaren von Cyclops quadricornis fand ich dreifarbiges Fett, nämlich wasserhelles, tief orangenfarbenes fast rothes, und dunkel berlinerblaues. Da die beiden letztern Farben complementär sind, so halte ich es nicht für überflüssig zu bemerken, dass hier ganz gewiss keine optische Täuschung stattfand. Auffallend ist es, dass diese Fetttropfen, die doch frei in einer durchsichtigen Flüssigkeit schwimmen, während der heftigsten Bewegungen des Thiers und seiner Organe ihre Stelle nur wenig ändern, was zu der Vermuthung führt, dass sie in durchsichtige Behälter noch besonders eingeschlossen sind.

In der sehr durchsichtigen Larve eines Chironomus, die ich unter Wasser hielt, und die sich kleine Zellen aus den Wurzeln von Lemna bauet, sah ich das Fett unter der Haut in grosse flache unregelmässige Zellen, die wie die Ländergränzen auf einer Karte aussehen, eingeschlossen. Die Tropfen waren einzeln und durch grosse, ziemlich gleiche Zwischenräume von einander gesondert. Es fanden sich aber immer einige Zellen, in denen sie sehr zierlich in Gruppen von drei bis fünf Tröpfchen geordnet waren. So lange das Thier unverletzt ist, bleiben die Fetttröpfchen völlig unbeweglich, so wie aber die Fettzelle durch einen Druck auf das Thier zerrissen wird, so setzen sie sich sogleich in Bewegung (wie bei den Crustaceen) und schwimmen fort, indem immer einige ihre Kugelform verlieren und sich abplatten. Wenn ich die Fettmassen von grösseren wirbellosen und Wirbelthieren mit dem Compressorium behandelte, erhielt ich immer Oeltröpfchen, die sich dem beschriebenen völlig ähnlich zeigten. Ich meine sie auch, wie **Leeuwenhoek** und **Raspail**, im Innern der bekannten Fettzellen der Wirbelthiere wahrgenommen zu haben, doch habe ich über diesen Punkt noch nicht zur Gewissheit kommen können.

Unter besonderen Bedingungen, die ich jedoch noch nicht ermitteln konnte, verwandelt sich das Fett der Wirbelthiere oft in weniger als 24 Stunden durch Maceration in eine krystallinische Masse, vermuthlich in Leichenfett.

Vor Kurzem fand ich, dass die Sporidiolen der Pilze, kleine Kügelchen, die man schon lange in den Sporen der Hellvellaceen kennt, und die ich so wie mehrere andere Beobachter in den Sporen der Mehrzahl der Pilze gefunden habe, nichts als Oeltropfen sind (s. **Poggendorff's** Annalen Bd. 44. S. 639 ff.). Wenn man die Sporen einer Peziza, z. B. von P. Macropus, zwischen zwei Glasplatten comprimirt, so sieht man die Sporidiolen in kleinere Kügelchen zertheilt durch eine Spalte ohne Rückstand entweichen, was offenbar beweist, dass es Tropfen einer frei schwimmenden Flüssigkeit sind.

Da ich mich schon seit einigen Jahren damit beschäftigt habe, die Entwickelung mehrerer Pilzarten zu beobachten, so habe ich öfters wahrgenommen, dass sowohl die Sporidiolen als die Sporen selbst durch Verschmelzung von kleineren Kügelchen oder Tröpfchen entstehen, mit denen die Schläuche in einem frühen Zeitraume angefüllt sind. Mehreremale habe ich selbst gesehen, dass die Sporidiolen oder Oeltropfen sich schon in regelmässigen Gruppen ordnen, ehe man eine Spur der Sporen selbst bemerken kann. Diese Beobachtungen und andere, die ich aus Mangel an Raum übergehe, haben mir die Ueberzeugung verschafft, dass das Oel oder Fett, ohne einer Zersetzung unterworfen zu sein, dennoch eine bedeutende Rolle in der Entwickelungsgeschichte der Pilze spielen muss, einer Pflanzenfamilie, deren chemische Zusammensetzung bekanntlich sie den Thieren sehr nahe stellt.

Ein solches Resultat veranlasste mich, meine Untersuchungen weiter auszudehnen und zu versuchen, ob es mir gelingen würde, dem Fette einen ähnlichen Antheil bei der ersten Entwickelung der Thiere zu vindiciren. Eine neue und wichtige Entdeckung hatte eben das Interesse für diese Untersuchung wo möglich erhöhet. Während die berühmtesten Physiologen darüber einverstanden zu sein schienen, dass das Urgewebe der Thiere aus kleinen Körnchen oder soliden Kügelchen bestehe, eine Meinung, die u. A. auch Valentin in seiner Preisschrift vertheidigt zu haben scheint (s. dessen Handbuch. d. Entwickelungsgesch.), hatte es Schwann, einer der ausgezeichnetsten Beobachter unserer Wissenschaft, geradezu ausgesprochen, dass die verschiedenen Lagen der Keimhaut aus Zellen bestehen, und dass die Zellgewebefasern, die Muskeln, die Nerven, die Gefässe, mit einem Worte alle Gewebe des thierischen Körpers, nichts als metamorphosirte Zellen sind.

Von der Voraussetzung ausgehend, dass die Thatsachen es nie sind, die sich wiedersprechen, sondern alle Discussion von der unvollständigen Wahrnehmung und der abweichenden Deutung derselben herrührt, bemühte ich mich neue Facta aufzufinden, die im Stande wären, die Beziehungen zwischen den Kügelchen, die v. Baer, Carus, Valentin u. A. beobachtet haben, und zwischen den Zellen Schwann's aufzuklären. Valentin erwähnt in dem citirten Buche mehrere Arten von Kügelchen, jedoch ohne eine genauere Beschreibung zu geben, die auch vielleicht ohne Abbildungen doch nicht hinreichend gewesen sein würde. Um daher von einer bestimmten Grundlage auszugehen, habe ich die Kügelchen des Eis untersucht, die von Valentin genau genug bezeichnet sind, und die mir auch hinreichende Differenzen darzubieten schienen, um die Frage zu entscheiden. Ich glaubte mir die schwierige und mühsame Untersuchung des Embryos ersparen zu können, wenn es mir gelänge, schon in dem unbefruchteten Eie sowohl Zellen als die Gebilde oder Stoffe, aus denen sie entstehen, aufzufinden.

In den Eiern der Hauptklassen des Thierreichs konnte ich folgende Arten von Kügelchen unterscheiden.

1) deutlich erkennbare, oft gefärbte Oeltropfen, die sich in grosser Menge in dem Dotter der eierlegenden Thiere, einzeln in der Flüssigkeit des Graaf'schen Bläschens vorfinden. Eine Entdeckung, die ich später am gehörigen Orte mittheilen werde, gab mir erst über das seltsame Aussehen Rechenschaft, welches einige von diesen Tropfen darbieten. Sie sind keineswegs immer sphärisch geformt, man findet sie oval, birnförmig u. s. w., so z. B. in dem Dotter der Hühnereier, und ihre matte Oberfläche, die zuweilen sogar mit einigen Fältchen besetzt ist, beweist, dass sie von einer Haut umgeben sind. Mitunter bemerkt man in ihnen blasse schattirte Kreise, die wie Höhlungen aussehen, was ihnen eine auffallende Aehnlichkeit mit den polygastrischen Infusorien giebt. In andern Fällen sieht man sie so dicht mit ganz kleinen Kügelchen besetzt, dass sie davon fast undurchsichtig werden.

2) Körperchen, die mit sehr kleinen Körnchen besetzt sind und die grösste Aehnlichkeit mit den Eiterkügelchen haben. Sie sind wie diese von einer etwas unregelmässigen, der Kugelform sich nähernden Gestalt. Diese Körperchen bilden unter andern die Keimscheibe des Säugethiereis, und scheinen die innere Fläche des Folliculus zu überziehen. Ich habe sie beim Menschen, dem Rinde und dem Schafe gefunden. Wenn man die unregelmässigen aus diesen Körperchen bestehenden Lappen, die in der Flüssigkeit des Follikels frei umherschwimmen, stark comprimirt, so tritt eine beträchtliche Menge flüssigen Fettes daraus hervor. Ich finde nicht, dass schon Jemand die Bemerkung gemacht hätte, dass die Ovarien der jungen Vögel und Säugethiere so viele von diesen Körperchen enthalten, dass sie fast ganz daraus zu bestehen scheinen, und dass sie sich unter dem Compressorium wie ein mit Fett getränkter Schwamm verhalten. Diese granulirten Körperchen sind offenbar Zellen, wie die Körperchen des Eiters, des Schleims u. s. w. (Primitivzellen nach Henle), und werden wie diese meistens von verdünnter Essigsäure mit Hinterlassung eines oder mehrerer

Kerne aufgelöst. Ohne Zweifel sind dies die Zellen, die Schwann in den Schichten der Keimhaut gefunden hat.

3) Die kleinsten Kügelchen im Ei sind, so weit ihre Gestalt noch durchs Mikroskop erkannt werden kann, vollkommen kugelförmig. Sie zeigen einen scharfen schwarzen Rand und eine durchsichtige Scheibe, mit einem Worte die vollkommenste Aehnlichkeit mit den Oeltröpfchen von Moleculargrösse, die man beobachtet, wenn man eine kleine Spinne oder eine kleine Raupe u. d. m. unter dem Mikroskop comprimirt. Sie erscheinen immer früher im Ei als die früher beschriebenen Kügelchen. Die Eier der wirbellosen Thiere und die Vogeleier im Anfange ihrer Entwicklung sind bis zur Undurchsichtigkeit mit ihnen angefüllt. Sie finden sich auch in den jungen Eiern (oder Follikeln?) der Säugethiere, und ich glaube sie auch im Innern völlig ausgebildeter Eier des Menschen und anderer Säugethiere wahrgenommen zu haben. Der Dotter des Hühnereis besteht zum grossen Theile aus diesen Kügelchen. (Man findet in den Eiern noch eine vierte Art von Körperchen, die selbst bei starker Vergrösserung kaum sichtbar sind, und die besonders durch ihre blassen Umrisse sich von den eben beschriebenen Körperchen zu unterscheiden scheinen. Ich werde sie noch an einem andern Orte erwähnen.)

Es ist unbegreiflich, weshalb wohl die Physiologen fast einstimmig diesen moleculären Kügelchen und den Fettropfen, die man in den Eiern findet, eine ganz verschiedene Natur zuschreiben. Coste scheint der Einzige zu sein, der eine gewisse Aehnlichkeit zwischen den moleculären Kügelchen im Säugethiere und den Fetttropfen des Dotters geahnt hat, auch tadelt ihn Valentin deshalb (Handb. der Entwickelungsgesch. S. 4.). Und gleichwohl scheint es die natürlichste und einfachste Voraussetzung zu sein, sie für Oeltropfen zu halten. Ihre vollkommne Kugelgestalt, die natürliche Form eines Tropfens der von einer heterogenen Flüssigkeit umgeben ist, ihre vollkommene Aehnlichkeit mit den kleinsten Fetttröpfchen der

Thiere und Pflanzen und mit den Sporidiolen der Pilze, die Uebergänge an Grösse und Färbung, die man, besonders in den Eiern wirbelloser Thiere, leicht zwischen den unverkennbaren Oeltropfen und diesen Moleculen wahrnimmt, alles trägt dazu bei die oben ausgesprochene Meinung zu bestätigen, die m. E. durch die nachfolgenden Versuche bewiesen wird. Ich habe sie an den Eiern ganz junger Hühner angestellt, um die Moleculen mehr isolirt zu haben.

1) Der Alkohol bringt den Eiweissstoff der Eier zum Gerinnen, lässt aber die Moleculen völlig flüssig, so dass sie bei starkem Drucke fast vollständig entweichen.
2) Diese ausgepressten Kügelchen verschwinden im Schwefeläther ganz oder doch fast vollständig.
3) Die abwechselnde Maceration und Compression scheint die Kügelchen zu grössern zu vereinigen, doch ist dieser Versuch nicht ganz zuverlässig, da diese grösseren Tropfen auch von der Substanz des Eierstocks herkommen könnten, die, wie eben angegeben, sehr von Fett durchdrungen ist.

Durch die mitgetheilten Thatsachen scheint mir der Beweis geführt, dass die Moleculen im Ei Oeltröpfchen sind und da ihre Entstehung der Bildung der übrigen Körperchen im Ei, und namentlich der der Zellen vorhergehet, so ist die Voraussetzung nicht unwahrscheinlich, dass das Oel bei der Bildung der Zellen eine eben so wesentliche Bedingung sei, als nach meinen Beobachtungen die Oeltropfen, die man bisher Sporidiolen genannt hat, zur Bildung der Pilzsporen, die auch einfache Zellen sind, wesentlich beizutragen scheinen.

Indem ich darüber nachsann, auf welche Weise die genannte Flüssigkeit wohl wirken könnte, fand ich es nöthig, die Theorieen der Zellenbildung einer Prüfung zu unterwerfen. Ich war dabei gezwungen, mich an die Theorie der Pflanzenzellen zu halten, da die meisten thierischen Zellen erst kürzlich entdeckt worden sind, und daher noch einer Theorie ihrer Bildung entbehren.

Es giebt eigentlich nur zwei Theorieen, um die Entwickelung von Zellen oder Bläschen aus einer Flüssigkeit zu erklären. Die eine nimmt an, dass feste Kügelchen hohl werden und sich ausdehnen. Dies ist wohl begreiflich, allein es bleibt dann immer noch die Bildung dieser elementaren Kügelchen zu erklären. Die zweite Theorie nimmt an, dass die gerinnbare Substanz, die im Innern eines kugelförmigen Tropfens enthalten ist, indem sie an der Oberfläche desselben gerinnt, eine blasenförmige Membran bildet, welche die übrige Flüssigkeit einschliesst. Diese Theorie würde völlig befriedigend sein, wenn sie nur begreiflich machte, auf welche Art ohne eine vis occulta ein Tropfen sich mitten in einer homogenen Flüssigkeit, oder in Berührung mit festen Körpern, die von derselben Flüssigkeit getränkt sind, hinlänglich isoliren kann, um die Kugelgestalt anzunehmen.

Diese Theorie gab mir eine dritte ein, die alle Schwierigkeiten zu heben scheint. Denkt man sich mitten in einer gerinnbaren Flüssigkeit, z. B. in flüssigem Eiweissstoff, einen Tropfen einer heterogenen Flüssigkeit, z. B. einen Oeltropfen, und dass der Eiweisstoff aus irgend einer Ursache an der Berührungsstelle gerinnt, so muss sich nothwendig um diesen kugelförmigen Kern ein Bläschen bilden, welches einmal gebildet dann seinen Inhalt durch Exosmose und Endosmose leicht verändern kann. (Es kömmt natürlich hier nur darauf an, die erste Bildung einer Zelle zu begreifen, um die fernere Metamorphose derselben zu erklären, kann man wohl zu jenen Bildungskräften seine Zuflucht nehmen, welche bei der Erklärung organischer Vorgänge ganz entbehren zu wollen, keinem Vernünftigen beifallen wird.)

Ich war überrascht von der Einfachheit einer Theorie, die die Bildung der Zellen mit Hülfe zweier Substanzen, die sich überall vorfinden, nach physicalischen Gesetzen genügend erklärt, und zugleich den Fettstoffen eine unentbehrliche Function zuschreibt, die sehr wohl geeignet ist ihre constante Anwesenheit in den Keimen organischer Wesen begreiflich zu machen. Um diese Theorie durch den Versuch zu bestätigen, bemühte ich mich ein Mittel aufzufinden, um die vorausgesetzte Gerinnung des Eiweissstoffes wirklich hervorzurufen, und machte, mit einem Vergnügen das man sich leicht denken kann, die wichtige Entdeckung: dass eine Gerinnung in Form einer Membran unvermeidlich und augenblicklich erfolgt, sobald Eiweissstoff mit einem flüssigen Fette in Berührung tritt, und dass folglich ein Oeltropfen nicht einen Augenblick von einer eiweisshaltigen Flüssigkeit umgeben sein kann, ohne dass sich um denselben eine bläschenförmige Membran oder eine Zelle bildet. Ich werde fortan der Kürze wegen diese Eigenschaft, Membranen durch Berührung zu bilden, Hymenogonie, und die so entstandene Membran Haptogen-Membran nennen.

Die einfachste Art diese interessante Erscheinung hervorzubringen ist, dass man einen Tropfen frisches Hühnereiweiss und einen Tropfen Olivenöl dicht neben einander auf eine Glasplatte bringt und ihre Ränder vereinigt. Nach hydrostatischen Gesetzen überzieht das Oel das Eiweiss mit einer dünnen Schicht, und die Folge ist die fast augenblickliche Bildung einer zarten und elastischen Haut, die sich durch eine Art von Contraction sehr bald in zahlreiche, oft sehr zierliche Falten legt. Oder man bedeckt Eiweiss, welches mit dem gleichen oder doppelten Volumen destillirten Wassers verdünnt ist, mit einer Schicht eines beliebigen thierischen oder pflanzlichen Oels, und sucht, indem man mit der flachen Hand auf den Rand des Gefässes schlägt, einen Theil des Oels in kleine Tropfen zertheilt, bis auf eine gewisse Tiefe in das Eiweiss einzudrängen. Die absteigende Bewegung der Oeltropfen dauert nur einen Augenblick, aber auch dieser Augenblick ist schon hinreichend, sie mit einer Membran zu umgeben und wahre Zellen zu bilden. Die Existenz der Membran wird durch die oft sehr seltsame Form der künstlichen Zellen nachgewiesen, denn sie verhindert die Oeltropfen die Kugelform wieder anzunehmen, die sie verloren haben, indem sie sich gewaltsam in eine zähe Flüssigkeit eindrängten, und sie sind um so unregelmässiger gestaltet, je consistenter die Flüssigkeit und je dicker die Haptogen-Membran ist. Sie haben die Form einer Wurst, einer Birne, Spindel, Keule u. s. w., und es ist eine seltsame Thatsache, die ich nicht zu erklären weiss, dass die Zellen oft zu weit sind, so dass man ihre Falten mit unbewaffnetem Auge, oder wenigstens mit Hülfe einer schwachen Lupe sehen kann. Ich habe oben bereits angegeben, dass ich in dem Dotter des Vogeleis und in dem Graaf'schen Follikel ölgefüllte Zellen gefunden habe, die dieselben Anomalien der Form darboten.

Um die Eigenschaften der Haptogen-Membran zu untersuchen, muss man einige Tropfen Oel mit verdünntem Eiweiss oder Blutserum schütteln und einen kleinen Tropfen dieser Flüssigkeit, erst unbedeckt und dann zwischen zwei Glasplatten, unter dem Mikroskop beobachten. Der grösseren Deutlichkeit wegen kann man sich eines gefärbten Oels bedienen, z. B. eines mit Alcanna digerirten. Die durch Berührung von Oel und Eiweiss gebildete Membran ist von einer überraschenden Zähigkeit und Elasticität. Man kann oft die künstlichen Zellen so stark pressen, dass ihr Umfang um das Vierfache zunimmt, gerade wie dies Fontana und Della Torre an den Blutkügelchen beobachtet haben, die überhaupt eine auffallende Aehnlichkeit mit den künstlichen Zellen zeigen. Man kann auch, indem man die obere Glasplatte fortschiebt, die grossen plattgedrückten Zellen, ohne sie zu zerreissen, drei bis vier Mal um ihre Axe umwälzen, und die Membran verhindert das enthaltene Fluidum nicht, sich fast eben so leicht nach allen begegnenden Hindernissen zu formen, als wenn es ganz frei wäre. Oefters gelang es eine Zelle zu theilen, ungefähr so wie man eine Glasröhre vor der Lampe theilt, und die in eine dünne Röhre ausgezogene Membran schloss sich an der Trennungsstelle in einer Spitze, ohne das Geringste der Flüssigkeit austreten zu lassen. Diese Art der Theilung muss beim Schütteln der Zellen in einer Flüssigkeit oft statt finden da man immer eine Anzahl künstlicher Zellen findet, die in eine Spitze enden.

Es lässt sich wohl nicht bezweifeln, dass die Hymenogonie eben so unter dem Einflusse des Lebens wirkt, als in dem Probirglase des Chemikers. Die unregelmässigen Zellen, die ich in den Eiern gefunden und die matte Oberfläche und die kleinen Unebenheiten, die ein geübtes Auge oft recht leicht an den Milch- und Dotterkügelchen entdeckt, die grösser als $\frac{1}{80}$ Millim. sind, beweisen die Existenz einer im lebenden Thiere gebildeten Haptogen-Membran. Diese Haut scheint die einzige Ursache der Isolation und sphärischen Gestalt zu sein, welche die Fetttropfen nach meinen Beobachtungen in den Pflanzen und Thieren zeigen, ferner in der Milch, wo Raspail schon die Existenz einer häutigen Hülle der Kügelchen vermuthet hat, und in der künstlichen Milch, den Saamenemulsionen. Ich habe Oel mit destillirtem Wasser geschüttelt und gefunden, dass alle Tropfen, die den hydrostatischen Gesetzen gehorchen können, die Gestalt einer Linse mit dünnen, sehr durchsichtigen Rändern annehmen, während sie ihre Kugelgestalt und ihre schwarzen Ränder selbst in der grössten Menge Wasser beibehalten, wenn sie vorher Gelegenheit gehabt haben, sich mit Hülfe von ein wenig Schleim oder Eiweiss mit einer Haptogen-Membran zu umgeben. Man kann diesen sehr bestimmten Unterschied am leichtesten wahrnehmen, wenn man einige Tropfen Oel mit Wasser schüttelt, welches nur wenig Eiweiss enthält. Man kann alsdann noch unter den Tröpfchen, deren Durchmesser $\frac{1}{700}$ Millim. nicht übersteigt, diejenigen, die von einer Membran umgeben sind, und deren Verhältniss mit dem Eiweissgehalt der Flüssigkeit zunimmt, von denen, die frei geblieben sind, leicht unterscheiden. Man findet die letzteren am besten, wenn man die Oberfläche der Flüssigkeit genau in die Brennweite des Mikroskops bringt und das Licht von der Seite einfallen lässt. Die Bildung einiger Kügelchen, die sich nicht wieder abplatten, ist vielleicht das feinste Reagens, um im destillirten Wasser die geringste Spur einer organischen Substanz zu entdecken, und ich muss sagen, dass ich bis jetzt noch keines gefunden habe, welches diese Probe vollkommen bestanden hätte. Ich habe sogar Veranlassung zu glauben, dass die geringe organische Beimischung, die das aus den Lungen ausgehauchte Wasser haben mag, schon hinreicht um einige Oelkugeln zu bilden.

Die Haptogen-Membran bildet sich natürlich eben sowohl um einen Eiweisstropfen, der von Oel umgeben ist, aber das Ansehn ist ganz verschieden. Die geringere Brechbarkeit des Eiweisses macht nämlich dass die Stellen, die es einnimmt, leer zu sein scheinen, und deshalb sieht ein Oeltropfen, der kleinere Eiweisstropfen enthält, völlig wie ein polygastrisches Infusionsthier, z. B. eine Vorticelle, aus. Ich habe schon angegeben, dass ich ähnliche Bildungen unter den Dotterkügelchen beobachtet habe, deren Entstehung sich durch Vorstehendes leicht erklären lässt, eben so wie die scheinbar leeren Räume in der Substanz, die Dujardin Glu animale genannt, und in dem Leberegel und mehreren Infusorien gefunden hat, und die ich in mehreren mikroskopischen Crustaceen gesehen. (Bei dieser Gelegenheit sei mir gestattet zu erwähnen, dass ich aus den comprimirten Ovarien der Vögel und Säugethiere eine seltsame Substanz habe austreten sehen, die im Ei selbst völlig flüssig und durchsichtig zu sein scheint, die aber bei ihrem Austreten, besonders in Eiweiss, plötzlich fest und trübe wird, und dadurch Cylinder bildet, die, obgleich viel kürzer, doch eine merkwürdige Aehnlichkeit mit jenen darmähnlichen Bildungen haben, die Mirbel aus den Pollenkörnern der Cucurbitaceen beschrieben hat. Mém. de l'Acad. T. XIII. Pl. IX, Fig. 96 *a*.)

Die Hymenogonie scheint einigermassen zwischen allen heterogenen Flüssigkeiten stattzufinden, aber von denen, die ich untersucht habe, sind nur das Eiweiss, das Oel und der Perubalsam im Stande, jedes mit den beiden andern eine deutliche mit Falten besetzte Membran zu bilden. Es giebt ein sehr leichtes Mittel die Zähigkeit der Haptogen-Membran zu prüfen. Man darf nur die beiden zu untersuchenden Flüssigkeiten auf einer Glasplatte in Berührung bringen, und die Spitze einer Nadel aus der einen Flüssigkeit in die andere fortbewegen. Wenn die beiden Flüssigkeiten die Eigenschaft der Hymenogonie in einem ausgezeichneten Grade besitzen, so lösen sich die kleinen Tropfen, die man auf diese Weise aus der einen Flüssigkeit in die andere bringt, schwer oder gar nicht los und nehmen eine verlängerte und unregelmässige Gestalt an, ist aber die hymenoplastische Beziehung unter ihnen nur schwach, so lösen sich die Tröpfchen leicht und nehmen eine vollkommne Kugelgestalt an. Dies findet z. B. statt, wenn man Gummischleim und Oel anwendet, und beweist zugleich, dass die Zähigkeit der Flüssigkeiten nicht die Ursache der Erscheinung ist. Im Allgemeinen fordert die Bildung einer deutlichen Haut auf der Oberfläche zweier in Berührung gesetzter Tropfen einen hohen Grad von Hymenogonie, und es giebt mehrere eiweisshaltige Flüssigkeiten, die sehr schnell und oft selbst ganz unregelmässige Zellen bilden, wenn sie mit Oel vermischt werden, und die gleichwohl nur eine sehr dünne, fast unbemerkbare Membran hervorbringen, deren Bildung überdies sehr lange dauert. Diese Eigenthümlichkeit, die sich unter andern auch bei dem Serum des Menschenblutes vorfindet, hat mir die willkommene Gelegenheit gegeben, die Entstehung der Haptogen-Membran mit dem Mikroskop zu verfolgen.

Nachdem ein Tropfen Serum und ein Tropfen Mandelöl in Berührung gebracht worden waren, sah ich an der Contactstelle kleine blasse, kaum sichtbare Partikeln erscheinen, wie man sie überall sieht, wo Infusorien entstehen, oder sonst organische Substanzen sich zersetzen, und wie ich sie auch in den Eiern wahrgenommen habe. Diese Partikeln näherten sich einander und bildeten erst kleine unregelmässige Häufchen, die aber durch Hinzufügung neuer Partikeln häufig eine kuglige oder scheibenförmige Gestalt annahmen und einige Aehnlichkeit mit den Eiterkügelchen zeigten. Diese Scheibchen vereinigten sich ebenfalls, indem sie ihren Umfang vergrösserten, und dabei gewöhnlich ihre regelmässige Gestalt wieder einbüssten, und bildeten so häutige Lappen, die an ihrer Oberfläche auf eine fast unmerkliche Weise granulirt waren. (Diese Lappen sahen dem sogenannten primitiven Eierstock der Infusorien höchst ähnlich.) Durch die Vereinigung dieser Lappen entstand endlich die Haptogen-Membran, aber dann verschwand die oben beschriebene Granulation allmählig und machte oft einer mit kleinen unregelmässigen Tröpfchen wie eine angehauchte Fensterscheibe bedeckten Fläche Platz. Oft verschwand später jeder Schein einer Textur und die Membran war nur noch an ihren schwachen Fältchen zu erkennen.

Einige Versuche die chemischen Reactionen der aus Oel und Eiweiss gebildeten Haptogen-Membran zu bestimmen übergehe ich, weil ich später gefunden habe, dass die Reagentien ganz anders auf die Membran wirken, die durch Berührung zweier Tropfen und auf die, welche durch Schütteln entstanden, und folglich rings geschlossen ist. So löset, um ein Beispiel anzuführen, die verdünnte Essigsäure die erstere Art der Membran augenblicklich auf, während sie ins Innere der künstlichen Zellen segar einzudringon scheint, ohne sie zu zerstören. Dies ist einer von den vielen Gründen die mich veranlassen, die Homogonie für eine physicalische Eigenschaft zu halten, für eine Art von capillarer Verdichtung, die an der Oberfläche sich berührender heterogener Flüssigkeiten vor sich gehet, doch muss ich den Physikern überlassen diese nicht unwichtige Frage zu entscheiden.

Nach allem, was hier mitgetheilt worden, kann man, glaube ich, nicht mehr zweifeln, dass sich wirklich im thierischen Organismus Zellen aus Fett und Eiweiss bilden, wie es die Theorie vermuthen lässt und der Versuch bestätigt. Ich schlage vor, diese Zellen Elementarzellen zu nennen, weil ich glaube, dass alle Zellen des thierischen Organismus nur Metamorphosen der ursprünglichen ölgefüllten Zellen sind, und kein Grund vorhanden ist noch eine andere unbekannte Bildungsweise anzunehmen. Ich glaube sogar mehreremale, besonders in den Ovarien, Uebergangsformen gesehen zu haben, ich überlasse es jedoch unbefangenen Beobachtern diese Thatsache festzustellen. Man kennt schon seit einiger Zeit Zellen, die, obgleich sonst den Elementarzellen unähnlich, doch wie sie flüssiges Fett enthalten und dadurch ihre Entstehungsweise zu verrathen scheinen. Henle hat sie in dem Parenchym der Leber, in den Meibom'schen Drüsen und an andern Orten gefunden. Es macht auch keine Schwierigkeit die beobachteten Formen der Zellen theoretisch aus den Elementarzellen herzuleiten, so wie umgekehrt die Beobachtung die Veränderungen wirklich nachweist, welche die Theorie vorhersagen lässt. Die Vermehrung der Elementarzellen ist Sache eines Augenblicks. Da fast alle Flüssigkeiten des thierischen Körpers eiweisshaltig sind, so kann ein Oeltropfen nicht einen Augenblick darin verweilen, ohne sich mit einer Zelle zu umgeben, und sich eben so nicht in mehrere theilen, es seien nun zwei oder hundert, ohne zur Bildung eben so vieler neuen Zellen Veranlassung zu geben.

Ich habe oben die Vermuthung ausgesprochen, dass die Elementarzellen ihr Contentum durch die Endosmose und Exosmose umändern könnten, etwas Aehnliches lässt sich an den künstlichen Zellen wahrnehmen. Eine Quantität dieser letztern wurde durch Schütteln von Oel und Eiweiss gebildet, sie waren fast alle länglich und runzlig. Dann wurde ein kleiner Tropfen dieser Emulsion mit einer Drachme Wasser verdünnt. Die Zellen wurden gespannter und nahmen eine mehr sphärische Form an, gerade wie es die Blutkörperchen im Wasser machen. Obgleich die Falten der grösseren Zellen verschwanden, so sah ihre Hülle doch dunkler aus und man sah mit Hülfe einer starken Vergrösserung, dass sie mit einer Unzahl kleiner Oeltropfen besetzt war. Es ist bekanntlich schwer zu entscheiden, ob sich ein so kleiner Körper an der äussern oder innern Fläche einer zarten Membran befindet, indessen glaube ich dennoch, dass diese Tröpfchen sich an der Aussenfläche befanden und durch die Exosmose dahin befördert waren, da ich in einigen Fällen statt vieler kleinen Tropfen (oder Zellen) einige grössere erscheinen sah, die sich deutlich an der Aussenfläche der Mutterzellen befanden.

Indem ich zu dem Wasser Essigsäure hinzufügte, sah ich die Zellen sich so wölben, dass die Mehrzahl derselben barst, einige schienen sich dadurch zu retten, dass sie ziemlich grosse Oeltropfen ausstiessen. Die ölgefüllten Zellen sind im Gegentheil einer sehr merklichen Zusammenschrumpfung unterworfen, wenn sie in dieselbe Flüssigkeit eingetaucht werden, die sie enthalten. Ihre Falten vermehren sich, die Haptogen-Membran scheint ihre Elasticität zu verlieren, und dies ist selbst das beste Mittel ihre Existenz auf eine unzweifelhafte Weise nachzuweisen, denn unter den angegebenen Umständen können die künstlichen Zellen durch einen mässigen Druck ihren Inhalt entleeren, ohne viel von ihrer frühern Grösse und Form einzubüssen. (Ich habe gefunden, dass auch die Blutkörperchen sich im Oel runzeln, es ist aber ziemlich schwierig sie hinreichend vom Serum frei zu machen, um sich davon zu überzeugen.)

Die lebenden Elementarzellen, die die Fähigkeit haben in einem ungeheueren Verhältniss zu wachsen, brauchen den Oeltropfen nicht auszustossen, wenn sie Serum einnehmen; er wird sich daher, wenn sich die Zelle mit einer andern Flüssigkeit füllt und zugleich vergrössert, mit der innern Fläche der Zellenwand in Berührung setzen, und hier, da die Flüssigkeit meist eiweisshaltig sein wird, eine neue Zellenwand durch Hymenogonie um sich bilden. Auf gleiche Weise kann, wenn sich diese zweite Zelle wieder vergrössert und mit Serum füllt, sich in ihr eine dritte, eine vierte bilden u. s. w. Offenbar bildet diese secundäre Zelle, die nach hydrostatischen Gesetzen immer mit der Innenfläche der erstern in Berührung sein muss, den Kern, den Raspail in den Zellen der Epidermis entdeckt und den Henle in allen den Zellen gefunden, die er auf den Schleimhäuten, serösen Membranen, der innern Gefässhaut u. s. w. beobachtet hat. Alle diese Zellen haben noch im Innern des Kerns einen oder zwei Punkte, die wahrscheinlich die Ueberreste des primitiven Oeltropfens sind. Es ist begreiflich, dass dieser Tropfen sich leicht in mehrere kleinere theilen kann, und daher rührt wohl die Mehrzahl der Kerne, die man in den Eiterkügelchen u. s. w. findet, wenn man nach Güterbock ihre äussere Hülle mit Essigsäure auflöset. Henle, dieser treffliche Beobachter, hat sogar schon entdeckt, dass diese Kerne durch Theilung eines einzigen entstehen.

Die Theilung des primitiven Oeltropfens ist auch geeignet ein sehr interessantes Phänomen zu erklären, jenen Haufen kleiner Kügelchen, die man beständig an der Innenseite des Keimbläschens findet, welchen Wagner, der ihn bei allen Thierklassen so sorgfältig untersucht hat, Keimfleck oder Keimschicht genannt hat und der nach diesem ausgezeichneten Physiologen den ersten Keim des werdenden Thieres ausmacht. Die schönen Zeichnungen Wagner's (s. dessen Prodromus historiae generationis. Lipsiae 1836) geben die völlige Bestätigung meiner Voraussetzung. Man sieht nach Fig. 1—3. (l. c.) die Keimschicht in Gestalt eines Tropfens, zuweilen mit kleineren besetzt (Fig. 22. und 30.). Die Fig 22. ist bestimmt zu zeigen, dass der Keimfleck (wie eine Haptogenzelle) seine Form durch Druck verändern kann, ohne zerstört zu werden. Die Fig. 5., 19., 24. u. s. w. zeigen den Primitivtropfen in mehrere grosse getheilt und die Fig. 4., 11., 18. in viele kleine. Es ist einleuchtend, dass diese grosse Vermehrung der Tropfen oder Zellen unerlässlich ist, wenn die Keimschicht wirklich bestimmt ist, den ersten Anfang eines aus einer Unzahl von Zellen gebildeten Wesens darzustellen.

Ich glaube durch Thatsachen, die ein unbefangener Zeuge beobachtet hat, bewiesen zu haben, dass das Keimbläschen im Anfange eine mit Oel gefüllte Zelle ist, deren ursprüngliche Grösse zu beurtheilen uns der Keimfleck in den Stand setzt. Es ist eine seltsame aber nothwendige Consequenz meiner Theorie, dass dieses Bläschen eigentlich keine primäre, sondern eine tertiäre oder quaternäre Bildung ist, denn wer hat schon auf eine zuverlässige Weise die Membranen gezählt, die es in den verschiedenen Thierklassen umgeben?

Ich habe mich bemüht das Ei in diesem primitiven Zustande einer Elementarzelle zu finden, die mit dem Keimfleck desselben Thiers an Grösse übereinstimmte; auch fand ich in den Ovarien der Vögel und Säugethiere einfache Bläschen von dieser Grösse, und noch kleinere, die nichts als ein durchsichtiges Fluidum enthielten; doch gelang es mir nicht die Natur desselben zu ermitteln, weil jede Compression der Ovarien immer eine bedeutende Menge flüssiges Fett zu Tage fördert. Bei Gelegenheit dieser Nachforschung fand ich in den Ovarien einen seltsamen Körper, der zwar offenbar durch Leichenzersetzung entstanden war, aber eine merkwürdige Structur und eine überraschende Regelmässigkeit zeigte. Es war eine gelbe Kugel oder Zelle, die sich nahe an der Oberfläche der Ovarien in grosser Menge vorfand, so dass ich bald mehr als hundert in einem kleinen Theile des Ovariums zählen konnte. Der Durchmesser war constant $\frac{1}{37}$—$\frac{1}{32}$ Millim., und die äussere ziemlich starke Haut ungefähr $\frac{1}{500}$ Millim. dick. Diese Haut theilte sich bei starkem Drucke (wie die Krystalllinse) durch drei ziemlich gleich weit entfernte Spalten und oft sah ich aus diesen Spalten einen halbrunden Körper hervortreten, gleichsam als wenn eine Haut durch eine Flüssigkeit als Hernia hervorgetrieben würde. Indem ich diese Körper durch sehr starken Druck verbunden mit Reibung zerstörte, konnte ich mich überzeugen, dass der Inhalt ein Oeltropfen war, jedoch untermischt mit mehreren concentrischen membranösen Lagen. Mehrmals fand ich (auch in menschlichen Ovarien) einen dreiseitigen farblosen Körper, der mit kleinen Erhabenheiten besetzt und mit drei Linien oder Furchen bezeichnet war, die von den Ecken ausgehend in der Mitte zusammenliefen. Offenbar ist dieser Körper von derselben Beschaffenheit als die gelben Kugeln und ich habe keinen von beiden je anders gefunden, als mindestens 24 Stunden nach dem Tode und immer in Begleitung grosser Krystalle von Stearin oder Leichenfett. Hr. Dr. Böhm hat in den Choleraleichen in der Spitze der Darmzotten einen in eine Zelle eingeschlossenen Oeltropfen gefunden und bemerkt, dass dieser Tropfen sich durch die Maceration in einem oder in mehreren Tagen in eine feste Masse umwandelt, die durch Druck ähnlich der Krystalllinse in concentrische Stücke zerbricht. Diese analoge Beobachtung, so wie die Regelmässigkeit der Körper, die *ich* so eben beschrieben habe, lassen vermuthen, dass diese auch durch die Zersetzungs-Metamorphose einer mit Oel gefüllten Zelle entstehn, und dass diese Zelle, deren constante Dimensionen ziemlich genau mit Wagner's Messungen des Keimflecks bei einem Vogel übereinstimmen (s. l. c. Fig. XXX. *b.*), nichts anders ist als der primitive Zustand des Keimflecks, des Keimbläschens, oder, wenn man will, des ganzen Eis.

Ich muss indessen fürchten, dass der natürliche Wunsch eine Theorie annehmlich zu machen, die mir gleichzeitig viele Wahrscheinlichkeit und eine grosse Leichtigkeit in der Erklärung mehrerer interessanter physiologischer Probleme darzubieten scheint, mich schon verleitet hat die Geduld meiner Leser zu missbrauchen. Ich werde mich deshalb darauf beschränken die hauptsächlichsten Thatsachen, die durch diese Theorie erklärt werden können, nur anzudeuten. Aber ich werde mich, nachdem ich nachgewiesen zu haben glaube, dass das Fett eine conditio sine qua non bei der Bildung der thierischen Gewebe ist, nicht der Mühe überheben können nachzuweisen, wie diese elementare Substanz dahin geführt wird wo sie im Organismus nöthig ist.

Nach Schwann's Ansicht, die ich durch die hier vorgetragene Theorie der Zellenbildung einigermassen unterstützt zu haben glaube, sind oder waren alle festen Theile und selbst die Körperchen in den Flüssigkeiten, z. B. die Blutkörperchen, Zellen. Es ist nicht zu bezweifeln, dass es das Blut ist, welches alle Theile des Körpers mit den Stoffen versieht, aus denen neue Zellen gebildet werden, d. h. nach meiner Theorie mit Fett und Eiweiss- oder Faserstoff. Die chemische Analyse weiset auch nach, dass diese Stoffe sich wirklich im Blute vorfinden und wir wissen durch Müller's Entdeckung, dass nicht nur der Eiweissstoff, sondern auch der Faserstoff einen Theil des Plasma oder der durchsichtigen Blutflüssigkeit ausmacht. Wo aber befindet sich das Fett? Die mikroskopischen Beobachtungen des Kreislaufs, die uns das Plasma als eine völlig gleichartige Flüssigkeit zeigen und die pathologischen Fälle, wo freies Fett in Blutserum dieses zu einer trüben milchweissen Flüssigkeit macht, verbieten uns es im Plasma zu suchen. Es kann daher nur in den Blutkörperchen gesucht werden, und wenn man annimmt, dass es der Zweck derselben ist diesen unentbehrlichen Stoff im Körper zu vertheilen, so schreibt man ihnen m. E. eine Function zu, die nicht weniger wichtig und dabei vielleicht mehr auf Thatsachen und Analogien gegründet ist, als die, welche man ihnen bisher zugetheilt hat. Wenn man voraussetzt, dass der öiige Kern der Zellen von den Blutkörperchen geliefert wird und ihre Hülle von dem Plasma, so vereinigt man zwei entgegengesetzte Meinungen, die die ernährende Function des Blutes bald nur dem einen bald dem andern seiner beiden Bestandtheile zuschreiben, in eine dritte, die beide gleichviel beitragen lässt und die einfach ist — wie die Wahrheit.

Die Entstehung der Blutbläschen aus einer fetthaltigen Flüssigkeit, dem Dotter und dem Chylus, die grosse Aehnlichkeit ihrer physischen Eigenthümlichkeiten mit denen der künstlichen und Elementarzellen und ihre entschieden zellige Natur unterstützen diese Voraussetzung. Man braucht ihnen nur den Oeltropfen zn lassen, der der Theorie nach zu ihrer Bildung nöthig war, bis er zur Ernährung wieder gebraucht wird und jede Schwierigkeit ist gehoben.

Die Blutbläschen können ihr Fett nur in dem Augenblicke vermittelst der Exosmose aus dem Kreislaufe treten lassen, wo sie mit den Wänden der Gefässe in Berührung sind, denn sonst würde der austretende Fetttropfen sich gleich wieder in eine

Zelle umwandeln. Diese Durchschwitzung durch die Gefässwände ist wohl die Ursache, dass die Kranzgefässe des Herzens, die Mesenterialgefässe u. s. w. mit Fettstreifen eingefasst sind. Diese Erklärung stimmt wunderbar mit einer geistreichen Annahme, die Weber kürzlich bekannt gemacht hat (Müller's Arch. 1838. S. 456.), dass nämlich die Kügelchen, die schon Poiseuille sich langsam längs der Wände der Blutgefässe bewegen sah und die Weber selbst früher für Lymphkügelchen hielt, nichts anderes sind als Blutkörperchen, die während ihres Contacts mit der Gefässwand ihre Form verändert haben, indem sie sich zum Vortheil der Ernährung eines Theiles ihrer Substanz beraubten.

Ich mache hier nicht darauf Anspruch alle zum Theil sonderbaren Eigenthümlichkeiten der Blutkügelchen zu erklären, es würde dies eine ganz besondere Beschäftigung mit dem Gegenstande fordern; aber ich kann mich nicht erwehren, noch einen einzigen Beweis von der Leichtigkeit zu geben, mit welcher meine Theorie sich zur Erklärung der verwickeltsten Erscheinungen benutzen lässt. Schon Leeuwenhoek und zuletzt noch Dujardin, hat bemerkt, dass die Form der Blutbläschen durch den Einfluss verschiedener Substanzen bedeutende Veränderungen erleidet. Ich habe auch gefunden, dass diese Formveränderuugen constant sind, und viele Zeit verwendet um die Ursachen derselben zu ermitteln, bis ich zuletzt genöthigt war in einer Arbeit, die ich in Folge der Publication des Hrn. Dujardin unterdrückt habe, zu vitalen Veränderungen meine Zuflucht zu nehmen. Besonders ist eine Verwandlung hervorzuheben, die man oft sieht und die eben so zierlich ist, als es schwer hält sie durch die Zusammenziehungen eines gleichartigen Körpers zu erklären. Die Blutbläschen des Menschen bedecken sich nämlich am Rande oft mit ungefähr zwölf kleinen Perlen, die ich zuweilen sich ganz ablösen und fortschwimmen sah. Noch auffallender zeigt sich ein analoges Phänomen, wenn man Froschblut mit Salmiaklösung verdünnt. Es ist indessen sehr leicht zu erklären.

Die Randperlen sind kleine Oeltropfen, die entweder durch die Zusammenziehung der Bläschenmembran oder durch die Endosmose einer andern Flüssigkeit ausgestossen werden. Diejenigen die plötzlich hervortreten, lösen sich ab und verwandeln sich in Elementarzellen, geschieht es aber weniger schnell, so treten sie nur als Halbkugeln hervor, umgeben sich nur zur Hälfte mit einer neuen Haptogen-Membran und bilden so die Perlen, die den Rand und oft auch die Flächen des Blutbläszieren.

Um zum Schlusse zu gelangen, will ich nur einige von den physiologischen und pathologischen Problemen auswählen, die man leicht und befriedigend durch die Theorie der Zellenbildung erklären könnte. Die Verwandlung der Leichen in eine Fettmasse, die wohl nichts weiter ist als der durch Maceration blosgelegte und verseifte Fettinhalt der Zellen — das Fett, welches die chemische Analyse in allen Flüssigkeiten nachweiset, die, wie z. B. der Eiter, Zellen enthalten — die grossen Fettvorräthe, die die Natur in der Nähe derjenigen Organe niedergelegt hat, die ihr zelliges Oberhäutchen fortwährend erneuern, wie z. B. die Haut und der Darmkanal — die Fettleibigkeit, die durch Ruhe und durch alles erzeugt wird, was die Reproduction der Muskeln und anderer aus Zellen gebildeter Systeme vermindert — die Abmagerung, welche den Verlust zellenhaltiger Flüssigkeiten hervorbringt, wie Eiterungen und Tuberkel-Phthisen, und die wenigstens palliative Hülfe, welche die Fetteinreibungen und der Gebrauch des Thranes in diesen Krankheiten bringen — alle diese Thatsachen tragen m. E. dazu bei zu beweisen, dass das Fett eine zur Entwickelung der Zellen unentbehrliche Substanz sein muss.

Mit Absicht habe ich es bis jetzt unterlassen die Zellen der Pflanzen zu erwähnen, weil mir hier, mit Ausnahme der Pilze, die Frage etwas complicirter erscheint. Es ist keinesweges der Mangel einer Substanz, die dem Schleim oder Eiweiss der Pflanze heterogen und dadurch geeignet wäre, den Kern der Zellen zu bilden, sondern vielmehr der Ueberfluss derselben, der hier in Verlegenheit setzt. Bekanntlich findet sich in den Pflanzen fettes und ätherisches Oel, Wachs, Harz und verschiedene Zusammensetzungen der genannten Substanzen. Das fette Oel, das sich so reichlich in dem Saamen, und zwar im emulsiven (zelligen) Zustande findet, die Tröpfchen einer heterogenen durchsichtigen Flüssigkeit, die ich in den jungen Zellen der eben entstandenen Blätter mehrerer Pflanzen, z. B. des Flieders gefunden habe, das fette Oel, welches Payen und Persoz aus dem Stärkemehl erhielten, alles dieses scheint mir wenigstens zu beweisen, dass das fette Oel oft beiträgt die Pflanzenzellen zu bilden. Aber ich wage es nicht zu entscheiden, ob die übrigen heterogenen Flüssigkeiten auch zu demselben Zwecke dienen, oder ob sie etwa nur Producte sind, die der Lebensprocess der Zellen aus den primitiven Oeltropfen der Zellen hervorbildet.

Herr Dr. Schleiden hat die Aufmerksamkeit der Naturforscher auf ein Organ gelenkt, welches Brown entdeckt und Zellenkern (nucleus of the cell) genannt hat, und für welches er den Namen Cytoblast vorschlägt, weil er es für das Bildungsorgan der Zelle hält. Obgleich Schleidens Theorie wesentlich von der meinigen abweicht, so können doch die Thatsachen, die er angiebt, ganz wohl durch diese erklärt werden, und ich bin ganz damit einverstanden die Entstehung der Zellen von diesem kleinen Körper abzuleiten, der die grösste Aehnlichkeit mit der secundären Zelle oder dem Kern der thierischen Zellen trägt und nur zu bestätigen scheint, dass die Theorie der Bildung der Zellen mit Hülfe einer heterogenen Flüssigkeit ein allgemeines Princip enthält, welches fähig ist auf die Entwickelung aller organischen Wesen angewendet zu werden.

Uebersicht der wichtigsten Thatsachen und Folgerungen der vorstehenden Abhandlung.

1) Die Berührung des Eiweissstoffes mit einem flüssigen Fettstoffe hat immer die Bildung einer zähen und elastischen Membran zur Folge.

2) Diese Membran entsteht durch die Zusammenfügung einer unendlichen Zahl kleiner Partikeln, wie man beobachten kann, wenn man die Bildung der Membran durch ein in der Abhandlung angegebenes Verfahren verzögert.

3) Ein Oeltropfen, der nur einen Augenblick von einer eiweisshaltigen Flüssigkeit umgeben ist, wird sogleich von einer Zellenmembran eingeschlossen, und man kann folglich nach Willkür künstliche Zellen bilden.

4) Man findet in den Eiern der Säugethiere und Vögel grosse mit Oel gefüllte Zellen, die durch ihr Ansehen und durch ihre physischen Eigenschaften den künstlichen Zellen vollkommen gleichen.

5) Alle Tropfen flüssigen Fettes, die man in den Pflanzen und Thieren findet, sind in Zellen eingeschlossen, die man Elementarzellen nennen kann.

6) Die Gewebe des thierischen Organismus bestehen aus Zellen, die man als eine Metamorphose von Oeltropfen oder Elementarzellen ansehen kann.

7) Die Blutkörperchen sind Zellen, die (ausser Farbestoff) flüssiges Fett enthalten, und es ist ihre Hauptfunction dasselbe überall hinzubringen, wo eine Bildung neuer Zellen stattfinden soll.

8) Der primitive Zustand des Ovulums der Thiere ist der eines Fetttropfens, und Wagner's Keimschicht ist der Ueberrest dieses Tropfens.

9) Die Zellen der Pflanzen werden auch mit Hülfe einer heterogenen Flüssigkeit gebildet, doch bleibt es noch zu ermitteln, ob nur das fette Oel oder auch noch andere Flüssigkeiten dabei thätig sind.

Gedruckt bei Julius Sittenfeld in Berlin,
Burg-Strasse No. 25.

Dn. Ascherson del.

C. Guinand sc.

FSC
www.fsc.org
MIX
Papier | Fördert
gute Waldnutzung
FSC® C083411

Kolibri 360 GmbH
Ferdinand-Jühlke-Straße 7
99095 Erfurt, Deutschland
produktsicherheit@kolibri360.de